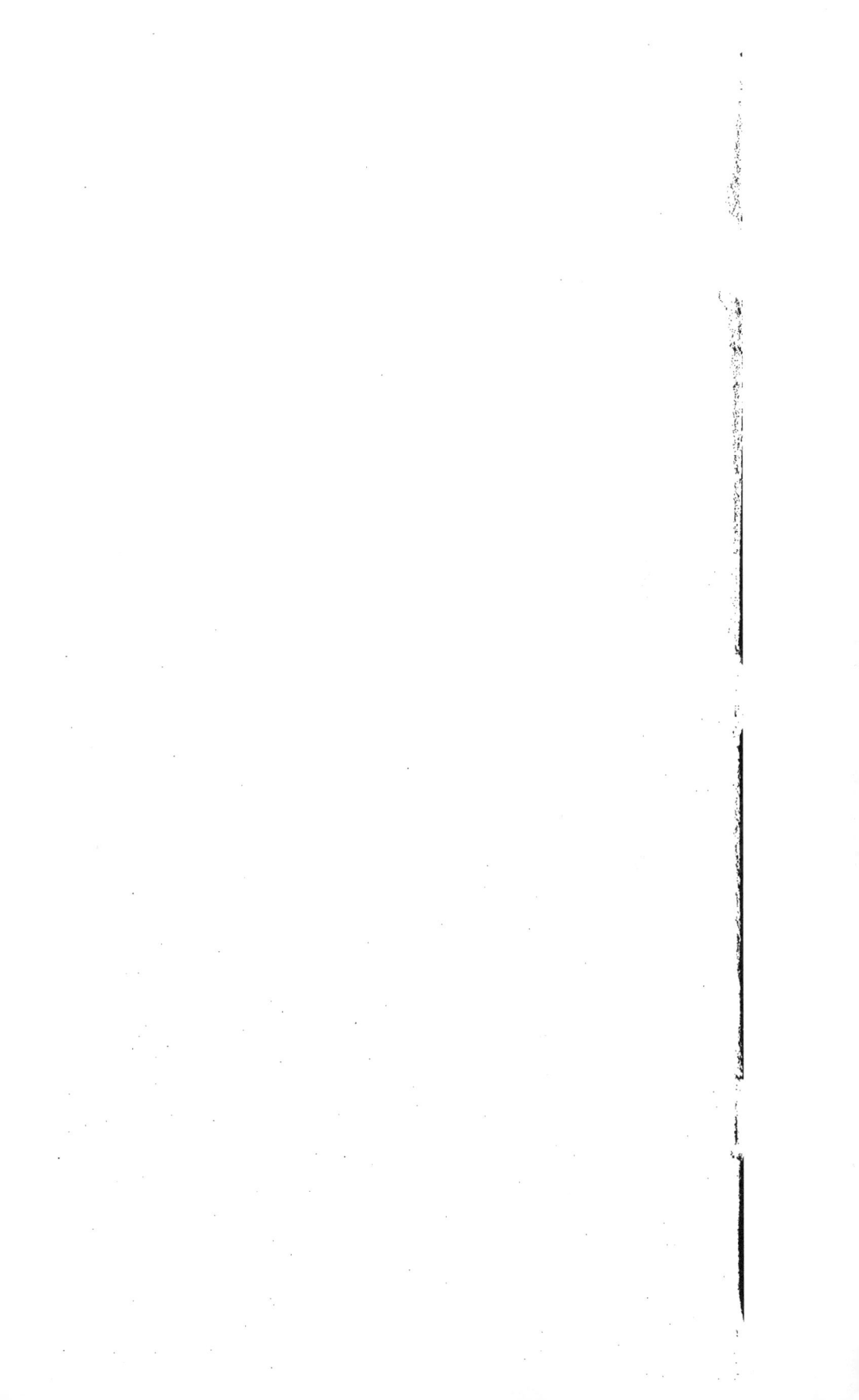

TABLES
DE RÉDUCTION
DES ANCIENS POIDS
EN NOUVEA.X,
ET RÉCIPROQUEMENT,

A L'USAGE DES PHARMACIES;

PAR F. GATTEY,

MEMBRE DU BUREAU CONSULTATIF

DES POIDS ET MESURES.

PRIX: 60 centimes.

SE TROUVE A PARIS,

CHEZ { BAILLY, Libraire, rue St.-Honoré, près la barrière des Sergens; Et RONDONNEAU, Libraire, place du Carrousel.

Vendémiaire an X (1801).

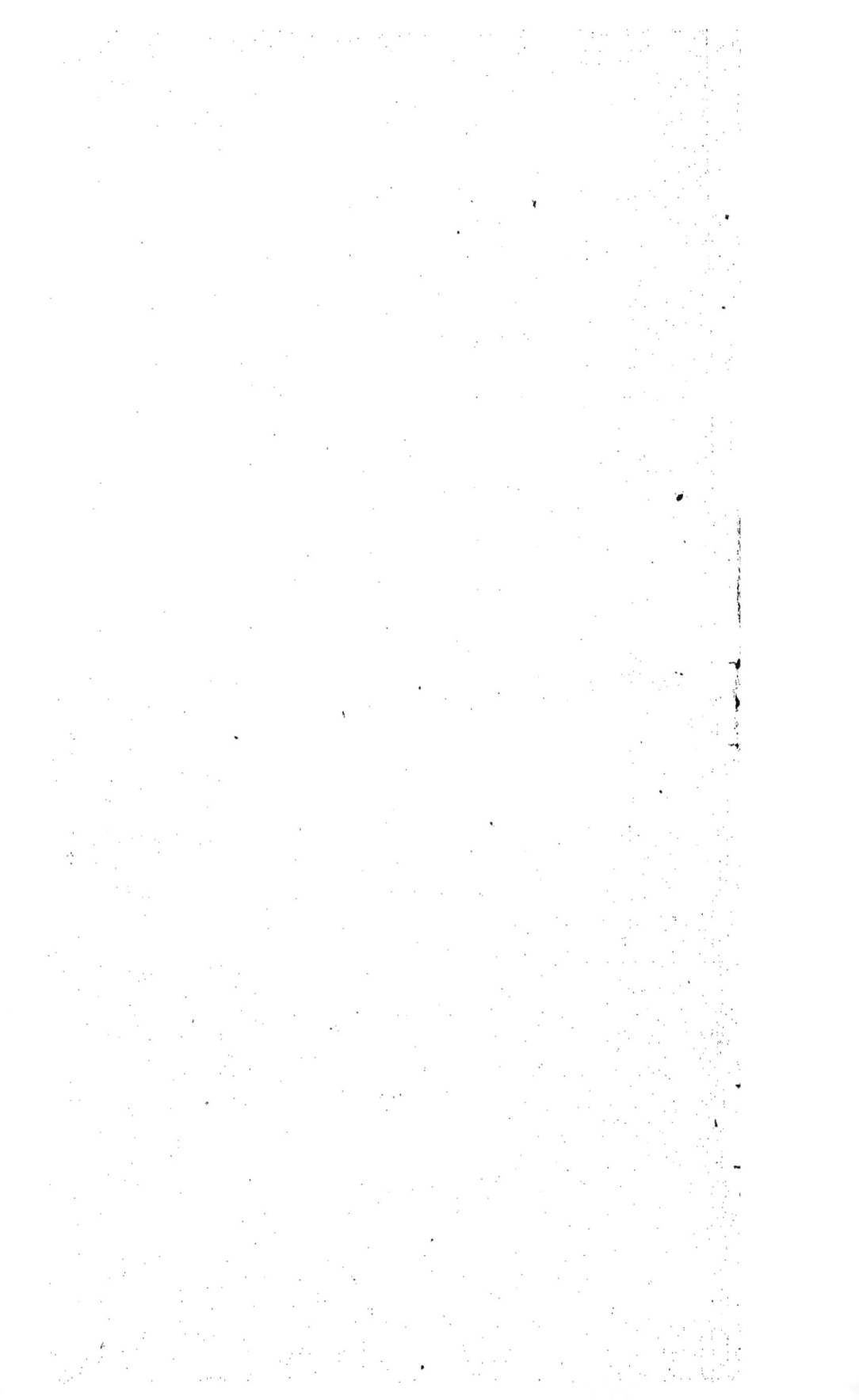

TABLES

DE RÉDUCTION

DES POIDS ANCIENS

EN NOUVEAUX,

ET DES POIDS NOUVEAUX

EN POIDS ANCIENS,

A L'USAGE DES PHARMACIES.

Il importe, sans doute, que l'on n'emploie dans le commerce que des mesures et des poids exacts; il est bien essentiel aussi que, dans le moment du passage de l'ancien système métrique au nouveau, les valeurs des anciennes mesures et des anciens poids en mesures et en poids nouveaux, et réciproquement, soient déterminées avec assez de précision pour qu'il ne puisse en résulter aucune erreur préjudiciable aux citoyens.

A 2

Cette importance néanmoins n'est pas la même pour tous les genres de commerce. Qu'un marchand d'étoffes se trompe dans l'évaluation d'une quantité d'aunes en mètres ; qu'on prenne un hectolitre pour cent pintes anciennes , un décalitre pour un ancien bois-seau ; qu'un boucher donne un poids pour un autre ; qu'un orfévre se trompe dans la pesée d'une pièce d'argenterie ; qu'un notaire même commette une erreur dans l'énoncia-tion de la contenance d'un terrein ; ces mé-prises sont peu importantes : tout ce qui peut en résulter, c'est que l'acheteur ou le vendeur se trouveront lésés dans le prix ou dans la quantité de la chose vendue.

Mais qu'un médecin se méprenne dans la détermination des doses d'un médicament, qu'un apothicaire en délivre une quantité pour une autre , c'est alors que l'erreur est grave, qu'elle peut avoir des suites dange-reuses ou même funestes ; c'est dans ces pro-fessions qu'il est de la plus haute importance d'être à l'abri des méprises ; c'est là qu'il est indispensable que les valeurs respectives soient, sinon rigoureusement exactes , au moins déterminées avec assez de précision

pour qu'il ne puisse y avoir le moindre inconvénient à prendre l'une pour l'autre, à subs-
tituer l'ancienne à la nouvelle ou la nouvelle
à l'ancienne.

C'est pour concourir autant qu'il est en moi
à prémunir contre ces dangers, et le public,
et les citoyens eux-mêmes qui s'occupent particulièrement de la distribution des remèdes,
soit en en prescrivant l'emploi, soit en les
délivrant, que j'ai rédigé les tables que l'on
trouvera ci-après.

L'intelligence de ces tables exige que l'on
connaisse, 1º. l'ordre de la division des nouveaux poids; 2º. leur nomenclature; 3º. la manière d'en exprimer les quantités en chiffres.

Il n'est aucune des personnes à l'usage desquelles ces tables sont destinées, à qui ces
notions ne soient familières; néanmoins, pour
ne rien laisser désirer, à cet égard, à celles
qui pourraient se trouver embarrassées dans
l'usage de ces tables, j'ai cru devoir entrer
dans quelques détails sur ces trois articles.

Les poids nouveaux, comme toutes les
autres mesures du nouveau système, se divisent uniformément par dix, en sorte que chaque unité est dix fois plus grande ou dix fois

A 3

plus petite que celle qui la suit ou qui la pré-
cède immédiatement.

Dans l'ancien système, chaque unité de
poids avait un nom particulier qui n'annon-
çait en aucune manière les rapports qui les
unissaient. Dans le nouveau système, les di-
verses unités qui forment l'échelle des poids
depuis le plus petit jusqu'au plus gros, sem-
blent être les membres d'une seule famille,
dont le mot GRAMME est le nom générique,
et se distinguent entre elles par des prénoms
qui annoncent d'abord le degré qu'elles occupent dans l'échelle ascendante ou descen-
dante. Ces prénoms sont *déca, hecto, kilo,
myria*, qui signifient dix, cent, mille, dix
mille; et *déci, centi, milli*, qui signifient
dixième, centième, millième; en sorte que le
mot *décagramme* désigne un poids de dix
grammes; le mot *centigramme* un poids d'un
centième de gramme, etc. L'échelle entière
se compose en conséquence ainsi qu'il suit :

Myriagramme poids de 10000 grammes.
Kilogramme ——— de 1000
Hectogramme ——— de 100
Décagramme ——— de 10
Gramme ——— de 1

Décigramme   poids de $\frac{1}{10}$
Centigramme   ——— de $\frac{1}{100}$
Milligramme   ——— de $\frac{1}{1000}$

Il est permis, à la vérité, de traduire quelques-uns des noms de ces poids par des noms des poids anciens ; savoir, celui de kilogramme par le mot livre, celui d'hectogramme par le mot once, celui de décagramme par le mot gros ; de gramme par denier, de décigramme par grain. Mais les personnes qui sentent les inconvéniens graves qui peuvent résulter de l'emploi des mêmes noms pour désigner des choses aussi dissemblables que les poids nouveaux et les poids anciens, s'en tiennent à la nomenclature méthodique qui est celle des savans.

Au surplus, les noms ne font rien, pourvu que l'on soit d'accord sur les choses, et il n'y aura pas d'équivoque toutes les fois qu'en se servant de quelqu'une des anciennes expressions pour désigner des poids nouveaux, on aura l'attention d'ajouter l'épithète *nouveau*, ou mieux encore *métrique*, qui indique à quelle espèce de système appartient le poids dont il est question.

Le mode de division que l'on a adopté pour

les nouvelles mesures, procure un avantage que l'on n'avait pas dans l'ancien système, où une quantité, pour peu qu'elle fût composée d'espèces et sous-espèces, exigeait l'emploi de plusieurs noms différens, tels que onces, gros, grains, etc. Ici un seul nom suffit dans tous les cas, lorsqu'on a déterminé l'espèce des unités par le nom desquelles on veut s'exprimer, les quantités supérieures s'expriment en dixaines, centaines, mille, etc. Les quantités inférieures s'expriment en dixièmes, centièmes, millièmes.

Ces quantités inférieures sont ce qu'on appelle des fractions décimales; elles s'écrivent comme les nombres entiers, dont on les sépare par un point que l'on nomme point décimal.

Ainsi, pour exprimer 32 grammes et 75 centièmes, nous écrirons : *grammes* 32.75 ; *décagrammes* 28.147 , exprimera 28 décagrammes et 147 millièmes.

On pourrait écrire ces quantités ainsi : 32.75 *grammes* , 28.147 *décagrammes*, ou bien ainsi : 32 ᵍʳᵃᵐ.75 ; 28 ᵈᵉᶜᵃᵍ.147; mais ces deux méthodes sont vicieuses. La première peut induire en erreur les personnes qui, peu familières avec le calcul décimal, pourraient prendre pour unités, des chiffres qui n'expriment que des dixièmes, des centièmes ou des millièmes, etc., et croire, par exemple, que le premier nombre exprime 3275 grammes ; et le second, 28147 décagrammes. La seconde a un autre inconvénient ; c'est qu'en écrivant le nom de l'espèce d'unité au-dessus, ou en l'intercalant dans le nombre, on est obligé de le mettre en abrégé, ou de trop éloigner les décimales du nombre entier auquel elles appartiennent. Or les abréviations sont dangereuses, surtout dans ces premiers temps ; et lorsque les décimales sont trop éloignées de ces entiers, on ne sait plus ce qu'elles signifient. La méthode d'écrire le nom de l'espèce de poids que l'on emploie comme unité avant le nombre, est donc préférable ; c'est celle que suivent assez ordinairement les négocians dans leurs écritures.

Lorsque, dans l'ancien système, on avait une quantité à laquelle étaient jointes de très-petites fractions, à moins qu'on n'eût besoin d'une exactitude rigoureuse, qui pourtant ne devait pas excéder celle des mesures elles-mêmes ou la sensibilité des balances, on négligeait assez ordinairement ces petites fractions ; ainsi il était rare, en pharmacie, que l'on tînt compte des fractions au-dessous du 16e. de grain.

Dans l'usage des nouveaux poids, on peut de

même négliger les fractions, trop petites pour que l'on puisse facilement en tenir compte dans une pesée; ainsi, par exemple, sur une quantité de *grammes* 134.1843, c'est-à-dire, 134 grammes et 1843 dix millièmes, comme il y a peu de balances dans le commerce qui puissent accuser des dix millièmes, ou même des millièmes de gramme, on peut sans difficulté supprimer les deux derniers chiffres, et réduire cette quantité : à *grammes* 134.18, c'est-à-dire, 134 grammes et 18 centièmes. On pourrait même supprimer la fraction toute entière, puisque dans ce cas on ne diminuerait pas la quantité donnée de $\frac{1}{670}$.

La seule chose qui soit à observer, lorsque l'on croit devoir supprimer des décimales, c'est que lorsqu'elles valent plus de moitié d'une unité de l'ordre de celles qu'exprime le chiffre précédent, il faut augmenter ce chiffre d'une unité; ainsi, dans l'exemple précédent, si on voulait supprimer seulement les trois derniers chiffres 843, comme ils valent plus de la moitié d'un dixième de gramme, nous augmenterions le chiffre précédent 1 d'une unité, et nous aurions : *grammes* 134.2, c'est-à-dire, 134 grammes et 2 dixièmes, quantité qui sera à la vérité plus grande que 134.1843 ; mais de 267 dix millièmes de gramme seulement.

Dans l'ancien système, on ne pouvait transformer une quantité composée de plusieurs poids différens en unités d'une seule espèce, sans être obligé de faire des multiplications ou des divisions, dans lesquelles on ne devait pas perdre de vue que le grain était le 72e. du gros, le gros le 8e. de l'once, et l'once le 16e. de la livre.

Dans le nouveau système, pour exprimer une quantité de poids quelconques en unités d'une autre espèce, dix fois, cent fois, mille fois plus grandes ou plus petites, il n'y a autre chose à faire que de transposer le point décimal d'une, deux ou trois places vers la gauche ou vers la droite. Ainsi, pour réduire en grammes une quantité exprimée ainsi : *hectogrammes* 3.9456, nous reculerons le point de deux places vers la droite, et nous aurons cette même quantité exprimée en *grammes* 394.56. Si nous reculons le point encore de deux places vers la droite, nous aurons la même quantité exprimée en *centigrammes* 39456.

Réciproquement pour réduire en *grammes* une quantité exprimée ainsi : *centigrammes*

2935.7, nous rapprocherons le point décimal de deux places vers la gauche, et nous aurons : *grammes* 29.357.

On peut juger par là combien doivent être simples et faciles les opérations de calcul que l'on peut avoir à faire sur les nombres qui expriment des quantités de poids nouveaux. Mais nous sortirions des bornes que nous nous sommes prescrites ici, si nous entrions dans de plus longues explications à cet égard. Les personnes qui désireront prendre une connaissance plus particulière des règles du calcul décimal, et de son application aux opérations relatives aux nouvelles mesures et aux nouveaux poids, les trouveront dans les écrits qui ont été publiés sur cette matière (1). Nous allons passer maintenant à l'explication des tables.

EXPLICATION ET USAGE DES TABLES.

Première table.

Cette table présente la valeur des poids anciens en nouveaux, exprimée de deux ma-

---

(1) On peut consulter notamment les Élémens du nouveau système métrique, par l'auteur de ces tables. *Cet ouvrage se trouve chez les mêmes Libraires que celui-ci.*

nières, l'une approximative et l'autre exacte, afin que les personnes qui voudront se contenter de la valeur approximative, puissent voir en même temps de combien elle diffère de la valeur exacte.

L'usage de cette table est infiniment simple, comme on en va juger par quelques exemples.

Premier exemple. Supposons qu'il soit question de convertir en nouveaux poids 11 grains anciens.

On cherchera dans la table première les nombres correspondans à 11 grains, qui sont 58 centigrammes pour la valeur approximative, ou 5843 dix millièmes de gramme pour la valeur exacte. En comparant ces deux quantités, on verra que la première ne diffère de la seconde que de 43 dix millièmes de gramme, quantité qui n'équivaut pas à la moitié d'un centigramme, et que l'on peut négliger sans inconvénient; ainsi, on se tiendra à 58 centigrammes. On exécutera cette pesée avec cinq décigrammes et huit centigrammes.

Second exemple. Supposons qu'on veuille avoir en nouveaux poids la valeur de 3 gros.

Nous chercherons dans la table les nombres

correspondans à 3 gros, et nous aurons pour valeur approchée 115 décigrammes, et pour valeur exacte en *grammes*, 11.4728, la différence n'est que de 272 dix millièmes de gramme, et peut en conséquence être négligée sans inconvénient.

Cette pesée s'effectuera avec un décagramme, un gramme et cinq décigrammes.

Dans les pharmacies, il arrive rarement que l'on ait à faire des pesées composées de plusieurs espèces de poids ; il est bon cependant que l'on trouve ici l'indication de la manière dont on devra procéder pour faire la réduction de ces quantités, et en effectuer les pesées en poids nouveaux.

Troisième exemple. Soient à réduire en poids nouveaux 3 onces 2 gros 54 grains.

On prendra dans la table les valeurs exactes.

1°. De 3 onces, ci.... *grammes* 91.7823.

2°. De 2 gros, ci..................... 7.6485.

3°. De 2 scrupules valant 48

grains............................... 2.5495.

4°. De 6 grains, ci.................... 0.3187.

On additionnera, et on aura pour ————

total.................................... 102.2990.

On supprimera les trois dernières décimales, et en augmentant le chiffre précédent d'une unité, on aura 102.3, c'est-à-dire, 102 grammes et 3 dixièmes.

On effectuera cette pesée avec un hecto-gramme, deux grammes et trois décigrammes.

Cet exemple suffit pour indiquer la marche à suivre dans tous les cas de ce genre.

Table IIe.

Cette table est l'inverse de la première ; elle présente la valeur des poids nouveaux en poids anciens. On n'a pas porté la précision des quantités qui y sont exprimées au delà des 64mes. de grain, parce que cette exactitude est plus que suffisante, surtout lorsqu'il s'agit bien moins de faire les pesées avec des poids anciens qui ne doivent plus être employés, que de se rendre compte de la valeur en poids anciens d'une quantité exprimée en poids nouveaux.

L'usage de cette table est aussi facile que celui de la première ; un seul exemple suffira.

Exemple. On désire savoir à quoi revient, en poids anciens, une quantité exprimée ainsi en poids nouveaux : *grammes* 354.95.

On commencera par décomposer cette quantité, comme il suit, savoir :

grammes.

3oo .... ou 3 hectogrammes.

5o .... ou 5 décagrammes.

4 .... 4 grammes.

o.9 .... 9 décigrammes.

oo.5 .... 5 centigrammes.

Après quoi l'on prendra dans la table les valeurs correspondantes à chacune de ces quantités partielles, savoir :

	onc.	gros.	grains.	64es.
Pour 3 hectogrammes, ci...	9.	6.	32.	9.
Pour 5 décagrammes, ci....	1.	5.	5.	23.
Pour 4 grammes, ci	"	1.	3.	20.
Pour 9 décigrammes, ci....	"	"	16.	60.
Pour 5 centigrammes, ci ...	"	"	"	62.
L'addition de ces quantités donnera	11.	4.	58.	46.

Table IIIe.

La troisième table est particulièrement destinée à l'usage des personnes qui prescrivent l'emploi des médicamens, pour les aider à en déterminer les doses en poids nouveaux, et leur faciliter en même temps le moyen d'exprimer quelles sont à peu près les quantités correspondantes en poids anciens.

Cette table présente les valeurs approchées en poids anciens des poids nouveaux, depuis 1 centigramme, qui revient à environ $\frac{1}{4}$ de grain ancien jusqu'à 49 hectogrammes, qui valent un peu plus de 10 livres anciennes.

Les signes +, qui veut dire *plus*, et — qui signifie *moins*, indiquent que la valeur exacte est plus grande ou plus petite que celle qui est marquée. Ainsi, par exemple, on trouve dans la table pour la valeur de 1 centigramme en grain $\frac{1}{4}$ —; cela signifie que 1 centigramme vaut un quart de grain moins une petite quantité, ou un peu moins de $\frac{1}{4}$ de grain, ou qu'un quart de grain est plus fort qu'un centigramme. On trouve la valeur de 31 décagrammes exprimée en onces par 10 +; cela signifie que 31 décagrammes valent un peu plus de 10 onces; 10 onces plus une petite quantité, ou que 10 onces sont un peu moins de 31 décagrammes.

Nous allons expliquer par quelques exemples les usages de cette table.

Premier exemple. Supposons qu'il soit question de déterminer en poids nouveaux la dose à administrer d'un médicament que l'on aurait prescrite à 6 grains en poids anciens.

On cherchera dans la table la valeur correspondante à 6 grains, et l'on trouvera 3 décigrammes; mais on verra en même temps que 3 décigrammes valent un peu moins de 6 grains et un peu plus que 5, ou réciproquement que 6 grains sont un peu plus de 3 décigrammes. Comme il y a toujours moins d'inconvénient à se tenir au-dessous qu'au-dessus de la dose, on pourra donc fort bien prescrire 3 décigrammes, revenant à environ 6 grains.

Second exemple. Supposons encore qu'il soit question de déterminer, en nouveaux poids, une dose de médicament que l'on aurait prescrite, en poids anciens, à 4 gros.

On cherchera dans la table la valeur correspondante à 4 gros, qui est 15 grammes; mais on verra en même temps que 15 grammes valent un peu moins de 4 gros, ou réciproquement que 4 gros sont un peu plus de 15 grammes; on ne risquera donc rien de prescrire 15 grammes, et l'on ajoutera, si l'on veut, que cela revient à près de 4 gros.

Troisième exemple. Supposons maintenant qu'on ait à déterminer, en nouveaux poids, une dose de 20 grains anciens.

On cherchera dans la table le nombre correspondant à 20 grains, et l'on trouvera 11 décigrammes ; mais on verra en même temps que 11 décigrammes valent un peu plus de 20 grains, ou réciproquement que 20 grains sont un peu moins de 11 décigrammes.

Si l'on craint de dépasser 20 grains au lieu de 11 décigrammes qui sont un peu trop forts, et de 10 qui sont beaucoup trop faibles, puisqu'ils ne valent pas tout à fait 19, on prescrira 10 décigrammes et quelques centigrammes, selon l'importance, par exemple, 105, 106 ou 108 centigrammes.

Tout cela est si simple, qu'il serait bien superflu d'entrer dans de plus longues explications.

TABLE PREMIÈRE.

Réduction des Poids anciens en Poids nouveaux.

GRAINS.	VALEUR	
	APPROCHÉE en CENTIGRAMMES.	EXACTE en GRAMMES.
$\frac{1}{4}$ . . .	. . . 1 . . .	. . . 0.0133
$\frac{1}{2}$ . . .	. . . 3 . . .	. . . 0.0266
1 . . .	. . . 5 . . .	. . . 0.0531
2 . . .	. . 11 . . .	. . . 0.1062
3 . . .	. . 16 . . .	. . . 0.1593
4 . . .	. . 21 . . .	. . . 0.2125
5 . . .	. . 27 . . .	. . . 0.2657
6 . . .	. . 32 . . .	. . . 0.3187
7 . . .	. . 37 . . .	. . . 0.3718
8 . . .	. . 42 . . .	. . . 0.4249
9 . . .	. . 48 . . .	. . . 0.4780
10 . . .	. . 53 . . .	. . . 0.5311
11 . . .	. . 58 . . .	. . . 0.5843
12 . . .	. . 64 . . .	. . . 0.6374
13 . . .	. . 69 . . .	. . . 0.6905
14 . . .	. . 74 . . .	. . . 0.7436
15 . . .	. . 80 . . .	. . . 0.7967
16 . . .	. . 85 . . .	. . . 0.8498
17 . . .	. . 90 . . .	. . . 0.9029

SUITE DE LA TABLE PREMIÈRE.

GRAINS.	VALEUR	
	APPROCHÉE en CENTIGRAMMES.	EXACTE en GRAMMES.
18 . . .	. . 96 . . .	. . 0.9560
19 . . .	. . 101 . . .	. . 1.0092
20 . . .	. . 106 . . .	. . 1.0623
21 . . .	. . 112 . . .	. . 1.1154
22 . . .	. . 117 . . .	. . 1.1685
23 . . .	. . 122 . . .	. . 1.2216
Scrupules.		
1 . . .	. . 127 . . .	. . 1.2747
2 . . .	. . 255 . . .	. . 2.5495
Gros.	Décigrammes.	
1 . . .	. . 38 . . .	. . 3.8243
2 . . .	. . 76 . . .	. . 7.6485
3 . . .	. . 115 . . .	. . 11.4728
4 . . .	. . 153 . . .	. . 15.2971
5 . . .	. . 191 . . .	. . 19.1213
6 . . .	. . 229 . . .	. . 22.9456
7 . . .	. . 268 . . .	. . 26.7698

SUITE DE LA TABLE PREMIÈRE.

	VALEUR	
ONCES.	APPROCHÉE en GRAMMES.	EXACTE en GRAMMES.
1 . . .	. . 31 . . .	. 30.5941
2 . . .	. . 61 . . .	. 61.1882
3 . . .	. . 92 . . .	. 91.7823
4 . . .	. . 122 . . .	. 122.3765
5 . . .	. . 153 . . .	. 152.9706
6 . . .	. . 184 . . .	. 183.5647
7 . . .	. . 214 . . .	. 214.1588
8 . . .	. . 245 . . .	. 244.7529
9 . . .	. . 275 . . .	. 275.3470
10 . . .	. . 306 . . .	. 305.9412
11 . . .	. . 337 . . .	. 336.5353
12 . . .	. . 367 . . .	. 367.1294
13 . . .	. . 398 . . .	. 397.7235
14 . . .	. . 428 . . .	. 428.3176
15 . . .	. . 459 . . .	. 458.9117
Livres.	Décagrammes.	
1 . . .	. . 49 . . .	. 489.5058
2 . . .	. . 98 . . .	. 979.0117
3 . . .	. . 147 . . .	. 1468.5175
4 . . .	. . 196 . . .	. 1958.0234

SUITE DE LA TABLE PREMIÈRE.

| LIVRES. | VALEUR | |
	APPROCHÉE en DÉCAGRAMMES.	EXACTE en GRAMMES.
5 . . .	. . 245 . . .	. 2447.5292
6 . . .	. . 294 . .	. 2937.0351
7 . . .	. . 343 . . .	. 3426.5409
8 . . .	. . 392 . .	. 3916.0468
9 . . .	. . 441 . . .	. 4405.5526
	Hectogrammes.	
10 . . .	. . 49 . . .	. 4895.058
11 . . .	. . 54 . . .	. 5384.564
12 . . .	. . 59 . . .	. 5874.070
13 . . .	. . 64 . . .	. 6363.575
14 . . .	. . 69 . . .	. 6853.081
15 . . .	. . 73 . . .	. 7342.587
16 . . .	. . 78 . . .	. 7832.093
17 . . .	. . 83 . . .	. 8321.599
18 . . .	. . 88 . . .	. 8811.104
19 . . .	. . 93 . . .	. 9300.610
20 . . .	. . 98 . . .	. 9790.116

TABLE SECONDE.

Réduction des Poids nouveaux en Poids anciens.

CENTIGRAMMES.	LIVRES.	ONCE.	GROS	GRAINS	64es.
1.........	"	"	"	"	12.
2.........	"	"	"	"	24.
3.........	"	"	"	"	36.
4.........	"	"	"	"	48.
5.........	"	"	"	"	60.
6.........	"	"	"	1.	8.
7.........	"	"	"	1.	20.
8.........	"	"	"	1.	32.
9.........	"	"	"	1.	44.
Décigrammes.					
1.........	"	"	"	1.	57.
2.........	"	"	"	3.	49.
3.........	"	"	"	5.	42.
4.........	"	"	"	7.	32.
5.........	"	"	"	9.	26.
6.........	"	"	"	11.	19.
7.........	"	"	"	13.	12.
8.........	"	"	"	15.	4.
9.........	"	"	"	16.	60.
Grammes.					
1.........	"	"	"	18.	53.
2.........	"	"	"	37.	42.

SUITE DE LA TABLE SECONDE.

GRAMMES.	LIVRES.	ONCES	GROS	GRAINS.	64es.
3........	"	"	"	56.	31.
4........	"	"	I.	3.	20.
5........	"	"	I.	22.	9.
6........	"	"	I.	40.	61.
7........	"	"	I.	59.	51.
8........	"	"	2.	6.	40.
9........	"	"	2.	25.	28.
Décagrammes.					
1........	"	"	2.	44.	17.
2........	"	"	5.	16.	35.
3........	"	"	7.	60.	52.
4........	"	I.	2.	33.	6.
5........	"	I.	5.	5.	23.
6........	"	I.	7.	49.	40.
7........	"	2.	2.	21.	58.
8........	"	2.	4.	66.	11.
9........	"	2.	7.	38.	28.
Hectogrammes.					
1........	"	3.	2.	10.	45.
2........	"	6.	4.	21.	28.
3........	"	9.	6.	32.	9.
4........	"	13.	0.	42.	55.
5........	I.	0.	2.	53.	36.
6........	I.	3.	4.	64.	19.

SUITE DE LA TABLE SECONDE.

HECTOGRAMMES.	LIVRES.	ONCES.	GROS.	GRAINS.	64es.
7........	1.	6.	7.	3.	0.
8........	1.	10.	1.	13.	46.
9........	1.	13.	3.	24.	28.
Kilogrammes.					
1........	2.	0.	5.	35.	10.
2........	4.	1.	2.	70.	19.
3........	6.	2.	0.	33.	29.
4........	8.	2.	5.	68.	38.
5........	10.	3.	3.	31.	48.
6........	12.	4.	0.	66.	58.
7........	14.	4.	6.	30.	3.
8........	16.	5.	3.	65.	13.
9........	18.	6.	1.	28.	22.

TABLE

TABLE TROISIÈME.

Pour déterminer les doses des médicamens en poids nouveaux.

Centigrammes.	Grains.	Décigrammes.	Grains.
1	¼ —	11	{ 20 + / 21 —
3	½ +	12	{ 22 + / 23 —
5	1 —	13	{ 24 + / 25 —
11	2 +	14	{ 26 + / 27 —
16	3 +	15	{ 28 + / 29 —
Décigrammes.		16	{ 30 + / 31 —
2	4 —	17	32 +
3	{ 5 + / 6 —	18	{ 33 + / 34 —
4	{ 7 + / 8 —	19	{ 35 + / 36 —
5	{ 9 + / 10 —	20	{ 37 + / 38 —
6	{ 11 + / 12 —	21	{ 39 + / 40 —
7	{ 13 + / 14 —	22	{ 41 + / 42 —
8	{ 15 + / 16 —		
9	17 —		
10	{ 18 + / 19 —		

B

SUITE DE LA TABLE TROISIÈME.

Décigrammes.	Grains.	Grammes.	Gros.
23......	{ 43 + 44 −	4......	1 +
24......	{ 45 + 46 −	8......	2 +
25......	{ 47 + 48 −	12......	3 +
26......	49 −	15......	4 −
27......	{ 50 + 51 −	19......	5 −
28......	{ 52 + 53 −	23......	6 +
29......	{ 54 + 55 −	27......	7 +

Décigrammes.	Grains.	Décagrammes.	Onces.
30......	{ 56 + 57 −	3......	1 −
31......	{ 58 + 59 −	6......	2 −
32......	{ 60 + 61 −	9......	3 −
33......	62 +	12......	4 −
34......	{ 63 + 64 −	15......	5 −
35......	{ 65 + 66 −	18......	6 −
36......	{ 67 + 68 −	21......	7 −
37......	{ 69 + 70 −	24......	8 −
38......	71 +	28......	9 +
		31......	10 +
		34......	11 +
		37......	12 +
		40......	13 +
		43......	14 +
		46......	15 +

SUITE DE LA TABLE TROISIÈME.

Hectogrammes.	Livres.	Hectogrammes.	Livres.
5........	1 +	29........	6 —
10........	2 +	34........	7 —
15........	3 +	39........	8 —
20........	4 +	44........	9 —
25........	5 +	49........	10 +

Remarque sur l'emploi de ces Tables.

On a pu voir, par l'explication que nous avons donnée de l'usage des tables, qu'on peut, par leur moyen, approcher aussi près que l'on veut des valeurs des poids anciens en nouveaux, et réciproquement, les avoir même avec une exactitude presque rigoureuse. Nous ne craignons pas cependant d'observer que cette grande précision n'est nullement nécessaire, quoiqu'il soit bon, essentiel même de la connaitre, pour se rendre compte des écarts que l'on peut se permettre d'y faire.

En effet, d'une part, les propriétés des médicamens ne sont point telles, que l'on doive les administrer toujours dans les mêmes quantités ; il y a toujours une certaine latitude dans

B 2

laquelle le médecin peut choisir les doses con-
venables, suivant le genre de la maladie,
l'âge ou le tempérament du malade, et les
autres convenances : d'une autre part, c'est
bien en vain que l'on déterminerait les doses
avec une rigoureuse exactitude, les poids ni
les balances dont on se sert communément
pour les délivrer, ne sont point ajustés avec
cette précision.

On est dans l'usage de prescrire les doses
de médicamens en nombres ronds ; c'est la
preuve la plus évidente que l'on peut, sans
danger, s'écarter un peu en plus ou en moins
des quantités que l'on fixe ordinairement ; car
enfin, la nature n'a pas réglé les effets des remèdes qu'elle offre aux hommes, selon les
poids de chaque pays, et il est clair que si les
poids d'un pays se trouvaient d'un ou deux
centièmes plus forts ou plus faibles que ceux
d'un autre, on n'en fixerait pas moins les
doses des médicamens en nombres ronds ; on
ne s'arrêterait point à ces petites différences,
qui, dans la vérité, ne sont d'aucune importance.

Lorsque, pour modérer l'effet d'une substance qui, telle, par exemple, que l'émé-

tique, ne peut s'employer qu'en très-petite
dose et avec beaucoup de précautions, on or-
donne de l'étendre dans une quantité plus
ou moins grande de quelque liquide, on ne
règle pas la dose de liquide avec précision,
mais seulement par des à peu près dont l'œil
est le seul juge, on dit d'étendre trois grains
d'émétique dans trois verres d'eau ; mais on ne
dit pas quelle sera précisément la contenance
de ces verres ; ils seront plus ou moins grands,
plus ou moins pleins ; c'est une chose assez
indifférente (1).

Il ne peut donc y avoir d'inconvénient à
prescrire les doses des médicamens en nom-

_____

(1) Pour achever de lever tous les doutes, à cet
égard, nous ferons remarquer ici que quoique l'émétique soit une substance qui ne doit s'administrer
qu'avec beaucoup de précautions, cependant la plu-
part des pharmaciens n'emploient, pour en former
des paquets d'un grain chacun, d'autres moyens que
d'en peser six ou douze grains à la fois, après quoi
ils les divisent à l'œil.

Les différences qui se trouvent nécessairement
entre ces paquets, sont bien plus grandes que celles
dont on peut négliger de tenir compte dans la substi-
tution des nouveaux poids aux anciens.

bres ronds, dans le nouveau, comme dans l'ancien système, sauf, pendant les premiers temps, et pour prévenir toutes méprises, à ajouter la valeur approximative en poids anciens.

Observation.

On est assez communément dans l'usage de se servir de l'expression de *verre* ou *verrée*, pour indiquer la quantité de liquide dans laquelle on doit faire fondre ou étendre certaines substances médicinales. Cette expression ne peut plus être employée dans ce sens, parce qu'elle induirait en erreur : la nomenclature vulgaire des nouvelles mesures se servant du même mot *verre*, pour exprimer une mesure de capacité d'un dixième de *litre* ou pinte métrique, qui n'est guère que la moitié ou les deux tiers de ce que l'on a désigné, jusqu'ici, sous le nom de *verre* ou *verrée*.

Les médecins et les pharmaciens trouveront, sans doute, plus convenable de se servir des noms des mesures nouvelles elles-mêmes, ou mieux encore, lorsqu'il s'agira de déterminer des quantités d'eau, de les exprimer en poids nouveaux. Voici une table qui pourra servir dans l'un et l'autre cas.

MESURES NOUVELLES.	PINTES ANCIENNES.	POIDS DE L'EAU distillée.	VALEUR APPROCHÉE en poids anciens.		
			liv.	onc.	gros.
2 litres	2.148	2 kilog..	4.	1.	0.
1 litre......	1.074	1 kilog..	2.	0.	6.
5 décilitres..	0.537	5 hectog.	1.	0.	3.
2 décilitres..	0.215	2 hectog.	0.	6.	4.
1 décilitre...	0.107	1 hectog.	0.	3.	2.
5 centilitres.	0.053	5 décag .	0.	1.	5.
2 centilitres.	0.022	2 décag .	0.	0.	5.$\frac{1}{4}$
1 centilitre. .	0.011	1 décag .	0.	0.	2.$\frac{1}{2}$

Rapports des prix.

Cet écrit laisserait aux personnes auxquelles il est destiné , une chose utile à désirer , si elles n'y trouvaient pas l'indication des moyens de connaître quels doivent être les prix des marchandises en poids nouveaux , d'après ceux des anciens poids. La table suivante leur sera très-commode pour cela , comme on en va juger par quelques exemples.

Premier exemple : On demande quel sera

le prix du kilogramme d'une marchandise qui se vendait précédemment 47 fr. la livre.

Prenez dans la colonne des prix de la livre et du kilogramme, le nombre correspondant à 4, qui est 8.17 ; multipliez ce nombre par 10, en rapprochant le point d'une place vers la droite, attendu que ce n'est pas le prix correspondant à 4 francs dont on a besoin, mais celui qui correspond à 4 dixaines de franc, et vous aurez, ci.......... 81. 7

Prenez dans la même colonne le nombre correspondant à 7 unités, qui est, ci 14. 3

Additionnez, et vous aurez pour prix du kilogramme............. 96$^{fr.}$ 0

Second exemple : Le prix de l'once étant de 84 centimes, on demande quel sera celui de l'hectogramme.

Prenez dans la colonne des prix de l'once et de l'hectogramme, pour 80 centimes ou 8 dixièmes de franc le nombre correspondant à 8, qui est 26.15 ; mais attendu que le 8 n'exprime pas des francs, mais des dixièmes de franc, divisez ce nombre 26.15 par 10, en reculant le point d'une place vers la gauche, vous aurez alors, ci.... 2.615

Prenez ensuite le nombre correspondant à 4, qui est 13.07, et reculez le point de deux places vers la gauche, attendu que le 4 n'exprime pas des francs, mais des centièmes de franc, vous aurez............ 0.1307

L'addition faite, vous aurez pour prix de l'hectogramme, ci........ 2.7457

Et en supprimant les deux derniers chiffres .... 2^{fr}.75

Le prix d'une espèce de poids nouveau étant connu, il est facile d'en déduire celui de tout autre poids nouveau. Soit, par exemple, le prix du décagramme, *francs* 0.37, ou 37 centimes; pour avoir celui du gramme, nous prendrons le dixième de ce nombre, qui est : .... *francs* 0.037, ou simplement 4 centimes;

Celui de l'hectogramme en le multipliant par 10, ce qui donnera, ci............ *francs* 3.70;

Celui du kilogramme en le multipliant par 100, ce qui donnera, ci.............. *francs* 37.

TABLE

Des rapports des prix des poids anciens avec ceux des nouveaux.

PRIX		PRIX		PRIX		PRIX	
de la livre.	du kilogr.	de l'once.	de l'hectogr.	du gros.	du décagr.	du grain.	du décigr.
1	2.04	1	3.27	1	2.61	1	1.88
2	4.09	2	6.54	2	5.23	2	3.77
3	6.13	3	9.81	3	7.84	3	5.65
4	8.17	4	13.07	4	10.46	4	7.53
5	10.21	5	16.34	5	13.07	5	9.41
6	12.26	6	19.61	6	15.69	6	11.30
7	14.30	7	22.88	7	18.30	7	13.18
8	16.34	8	26.15	8	20.92	8	15.06
9	18.39	9	29.42	9	23.53	9	16.94

F I N.

De l'Imprimerie des SOURDS-MUETS, rue et faubourg Saint-Jacques, n°. 115.

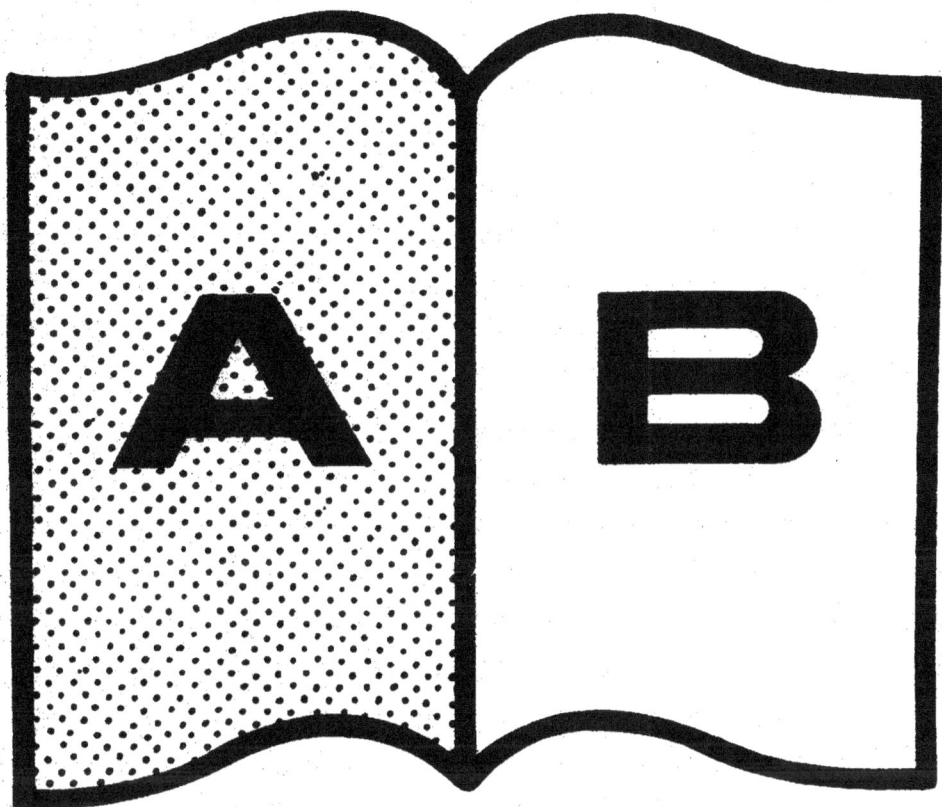

Contraste insuffisant

NF Z 43-120-14